交通安全知识系列手册

城市新市民篇

公安部交通管理局　编

人民交通出版社股份有限公司
China Communications Press Co.,Ltd.

内 容 提 要

本手册介绍了城市道路机动车道、非机动车道、人行道、人行横道、立交桥、过街天桥、地下通道、隔离护栏等通行设施，讲解了公交车、城市轨道交通、出租车等各类交通工具的安全乘坐方法以及私家车安全文明驾驶常识。

本手册可供城市道路交通参与者学习参考。

图书在版编目 (CIP) 数据

交通安全知识系列手册. 城市新市民篇 / 公安部交通管理局编. —北京：人民交通出版社股份有限公司，2014.11

ISBN 978-7-114-11855-5

Ⅰ. ①交… Ⅱ. ①公… Ⅲ. ①交通安全教育 – 普及读物 Ⅳ. ① X951-49

中国版本图书馆 CIP 数据核字 (2014) 第 266178 号

Jiaotong Anquan Zhishi Xilie Shouce——Chengshi Xinshimin Pian

书　　名：	交通安全知识系列手册——城市新市民篇
著　作　者：	公安部交通管理局
责任编辑：	何　亮　范　坤
出版发行：	人民交通出版社股份有限公司
地　　址：	(100011) 北京市朝阳区安定门外外馆斜街 3 号
网　　址：	http://www.ccpress.com.cn
销售电话：	(010)59757973
总 经 销：	人民交通出版社股份有限公司发行部
经　　销：	各地新华书店
印　　刷：	北京盛通印刷股份有限公司
开　　本：	880×1230　1/32
印　　张：	1.375
字　　数：	33 千
版　　次：	2015 年 1 月　第 1 版
印　　次：	2019 年 6 月　第 4 次印刷
书　　号：	ISBN 978-7-114-11855-5
定　　价：	9.50 元

（有印刷、装订质量问题的图书由本公司负责调换）

编写组
Bianxiezu

组　长：许甘露

副组长：刘　钊

成　员：张　明　刘　艳　范　立　何　亮
　　　　刘春雨　赵素波　袁　凯　赵伟敏
　　　　赵晓轩　马继飙　朱丽霞　李　君
　　　　范　坤

文明交通 安全出行

我们共同的期盼

　　近年来，随着经济社会的快速发展，我国机动车、驾驶人数量迅猛增长。截至目前，全国机动车保有量超过 2.6 亿辆，驾驶人突破 3 亿人，平均 5.2 人拥有 1 辆机动车，4.5 人中有 1 名驾驶人，仅仅十余年时间，我们就走完了发达国家半个多世纪的"汽车社会"发展历程。

　　在党中央国务院和各级党委政府的高度重视下，相关部门戮力同心，警民携手紧密合作，全社会积极参与共同努力，我国道路交通安全形势保持总体平稳态势。但是，由于人、车、路矛盾持续加大，城乡文明交通整体水平滞后于汽车时代发展要求，全国每年发生的严重交通违法行为数以亿计，交通陋习、安全隐患大量存在，因交通事故造成的死伤人数高达数十万，形势依然非常严峻。

　　为帮助广大交通参与者进一步增强法治交通和文明交通理念，提升交通安全意识与自我保护能力，推动形成人人自觉守法出行的社会风尚，减少交通违法行为以及由此引发的道路交通事故，公安部交通管理

局组织专家，针对客运驾驶人、货运驾驶人、私家车驾驶人、自行车骑车人、少年儿童、城市新市民等参与道路交通的六类主要群体编写了《交通安全知识系列手册》。手册中的知识点和警示点是从道路交通管理工作中发现的突出问题以及许许多多惨痛的事故教训中总结提炼出来的，既辅以生动的图示，又佐以案例说明，相信这套手册对于传播交通安全知识、强化文明交通理念、保障人民群众出行平安将大有助益。

　　朋友们，良好的交通环境需要每一个人躬亲践行。衷心希望这套手册能为您出行提供专业、实用的建议，希望您将交通文明理念、交通安全知识传递给亲朋好友，大家共同树立法治观念、增强规则意识、养成文明习惯，推动中国汽车社会文明梦早日实现！

编写组

2015 年 1 月

目　录

人行横道防意外 礼让行人莫抢行

1. 人行横道前礼让行人

　　城市道路的人行横道（俗称"斑马线"）很多，行人横过比较频繁。驾驶人如果在人行横道前不减速或停车礼让行人，不仅侵犯了行人的路权，而且很容易引发伤亡事故。

人行横道前抢行,危险!

　　人行横道前无论有没有信号灯、有没有行人通过，驾驶人都要减速瞭望，随时准备停车礼让行人。遇有行人通过时，必须停车让行，不要与行人抢行。

人行横道前遇有行人通过,必须停车让行。

 路口注意箭头灯 红灯停、绿灯行

2. 通过路口注意观察箭头灯

　　城市中的很多路口都安装了箭头信号灯，如果不会正确识别箭头灯的指向和颜色，很容易行错方向或闯红灯，造成交通拥堵或引发事故。

识别箭头灯最简单的办法就是，绿色箭头灯亮的车道允许通行，红色箭头灯亮的车道禁止通行。要特别注意右转弯和掉头信号灯的颜色，千万不要闯红灯。

红灯亮时
要等候！

小知识

第一盏信号灯

1868 年 12 月 10 日，信号灯家族的第一个成员在伦敦议会大厦的广场上诞生。当时英国机械师德·哈特设计、制造的灯柱高 7 米，灯柱上挂着一盏红、绿两色的提灯——煤气交通信号灯，这是城市街道的第一盏信号灯。

 突然变道扰通行　提前选择行车道

3.路口转弯提前选择行车道

不常在城市行车的驾驶人，缺乏城市道路行车经验，常常在临近路口时才发现走错了车

实线区域严禁跨线变道！

道，慌乱之中突然连续跨几条车道变道，很容易造成路口交通堵塞或引发剐蹭事故。

驾驶人没有城市道路行车经验时，最好的办法就是提前选对行车道。右转弯提前靠右侧车道行驶，左转弯提前

直行信号灯绿灯亮时，进入左弯待转区。

靠左侧车道行驶，直行提前选择中间车道。在设有左弯待转区的路口左转弯时，要记住：看到直行信号灯绿灯亮时才能进入左弯待转区。

公交车后挡视线　公交路权需保障

4.勿占用公交车道行驶

　　在城市道路行车，要看清路面标线和指示标志，不要违反规定占用公交车道，遇到道路通行缓慢或堵塞时，也不能借用公交车道超车。

不要占用
公交车道。

小知识

公交专用车道线

公交专用车道线由黄色虚线及白色文字组成，黄色虚线的线段长和间隔为 400 厘米，线宽为 20 厘米或 25 厘米，表示除公交车外，其他车辆及行人不得进入该车道。如果公交专用车道上有时段地面标记，表示在规定时段内该车道为公交专用车道，其他时段作为普通车道使用。

在城市道路公交车道行驶或紧跟公交车行驶时，庞大的公交车车身会阻挡驾驶人的视线，通过交叉路口容易误闯红灯，遇到公交车突然停车时，往往会因来不及制动或变道而发生追尾事故。

不要紧跟公交车行驶，以免误闯红灯。

车距太近易追尾 保持距离防险情

5. 保持安全跟车距离

在城市道路上跟车行驶是一门学问。跟车过远，浪费道路资源，降低通行效率；跟车过近，当前车突然减速或停车时，后车会因来不及制动而发生追尾事故。

跟车距离太近了！

跟车行驶一定要保持安全车距，集中精力，做好随时减速或停车的准备。这样即便前车制动灯不亮或突然横滑、甩尾时，也能有时间和空间从容应对。

小知识

建议跟车安全距离

速度	安全距离
慢行	5 米以上
30 公里 / 小时	15 米以上
40 公里 / 小时	25 米以上
50 公里 / 小时	35 米以上
60 公里 / 小时	45 米以上
100 公里 / 小时	100 米以上

 频繁变道易剐蹭　切勿随意变道行

6. 不频繁变更车道

　　在车多的道路上频繁变更车道，会造成拥堵；在拥堵缓慢的车流里变道加塞，会加剧拥堵；在道路上频繁变道，发生追尾、剐蹭事故的概率会成倍增加。

这种做法不文明又危险！

变道前一定要观察后视镜，车流量少的时候可转头直接观察侧后方情况。确定变道时，至少提前 3 秒钟开启转向灯提醒后方来车，千万不要随意变更车道。

3 秒

这样变道才安全。

随意占道阻畅通　各行其道讲文明

7. 各行其道、有序行车

驾驶汽车不在规定的车道内行驶，会影响其他车辆和行人的正常通行，还会因违法受到处罚。另外，随意占用非机动车道，容易造成道路拥堵或引发交通事故。

不要占用非机动车道！

各行其道，安全畅通。

在城市道路上行车，要学会正确选择车道。车速快走快车道，车速慢走慢车道，不要占用非机动车道和人行道，注意礼让，各行其道，文明有序行车。

盲目右转易生祸　开灯减速看右侧

8. 右转弯注意避让行人和非机动车

驾驶汽车在城市道路右转弯时，不注意观察、礼让行人和非机动车，速度过快、转向过急，很容易发生碰撞事故。

右转弯要避让非机动车！

在城市道路路口右转弯时，要开启右转向灯，减速慢行，随时注意观察右侧路口或人行横道的情况，发现有行人或非机动车通过人行横道时，要及时减速或停车礼让。

右转弯让行人先行。

出租车后防骤停　保持车距早减速

9. 跟出租车后行驶须谨慎

在城市道路紧跟出租车后行驶，一旦遇到前方出租车因载卸客靠边骤停，很容易发生追尾甚至连环追尾事故，导致车辆损毁、人员伤亡。

跟出租车行驶，要保持安全距离，密切注意出租车的动态，发现出租车开启转向灯、制动灯亮或有变道、掉头的迹象，及时减速避让，以防追尾。

要预防出租车突然停车。

 公交车前藏险情　减速观察慢超越

10. 公交车前提防有人横穿

公交车进站停车后，经常会有行人或下车的乘客从车前横过道路。驾驶汽车超越公交车时，如果不仔细观察或车速过快，一旦有行人突然横穿，驾驶人往往会措手不及，撞伤行人，引发事故。

经过公交站点，尤其是在首尾相接停车的车站，要降低车速，并尽可能加大横向间距，留出反应时间和躲避空间。发现突然有人从公交车前走出，立即采取减速或停车避让措施，确保安全。

车速太快了！

注意避让横穿的行人。

不守秩序致拥堵 主辅路口讲规矩

11. 正确驶入、驶出主辅路

　　很多对城市道路不熟悉的驾驶人，经常会因没有提前发现出口，在主辅路出入口等车多路段突然变道、强行加塞，造成路口处交通堵塞，影响主辅路正常通行，甚至引发追尾、剐蹭等交通事故。

在城市道路行驶，要注意观察交通标志，从主路出辅路时要提前靠右侧行驶，从辅路进入主路时要提前靠左侧行驶，前方车辆较多时，要依次排队有序通行，不要加塞、抢行，由辅路进入主路的车辆让主路上的车辆优先通行。

主路车辆优先通行。

选错路线枉费时　立交桥前看标志

12. 通过立交桥前看标志

在不熟悉的多方向立交桥，驾驶人经常会找不到出入口或选错出入口，如果停车或逆向行驶寻找出口，会影响其他车辆通行，甚至引发交通事故。

不能倒车啊！

通过多方向立交桥时，要提前靠右行驶，仔细观察路标，按标志指示的线路行驶并选择出口。一旦错过出口，不要直接掉头或倒回路口，可选择下一路口桥下绕行。

要正确选择出口。

低速不行快速路　严禁占用应急道

13. 不在快速路上低速行驶

驾车在快速路段长时间低速行驶，会影响道路的通行效率，引起其他车辆驾驶人的不满，易引发追尾、剐蹭等事故。

在城市快速路上因故不得不低速行驶时，不能占用最左侧车道，要在右侧车道行驶。遇车辆通行缓慢或者交通拥堵时，要依次排队通行，严禁占用应急车道。

保持应急车道畅通。

如果占用应急车道，一旦前方发生交通事故，救护、消防等车辆将无法及时到达现场，延误抢救时间。

非紧急情况下，不得在应急车道停车或行驶。

逆向行车易堵路　不要误入单行路

14. 单行路内不逆行

城市有很多单行路、胡同和窄巷，驾驶人如不仔细观察交通标志，误入单行路，会阻碍正常通行的车辆行驶，造成严重堵塞，而且还会因违反交通标志受到处罚。

借路改道绕行时，一定要看清交通标志，不要误入单行路，更不可明知是单行路，为抄近路侥幸进入，以免被堵在胡同或窄巷内进退两难。

加塞强行路难通　依次排队文明行

15. 拥堵路段要依次排队通行

不习惯城市有序通行环境或不遵守交通法规的驾驶人，遇到交通堵塞或车辆行驶缓慢时，从依次排队的车辆两侧加塞绕行，会破坏行车秩序，加剧道路拥堵。

加塞插队
不道德。

驾驶人在城市道路行车要遵章守法，逐渐适应城市道路交通环境。遇到拥堵时要保持良好的心态，耐心排队等待，依次通行，养成"宁停三分、不抢一秒"的文明、礼让行车习惯。

有序通行
保畅通。

猛踩制动险象生　减速停车多提醒

16. 减速停车要多提示后车

　　行车中突然猛踩制动踏板减速或紧急停车，后方跟随车辆的驾驶人往往措手不及，容易引发连环追尾事故。

突然制动易
引发追尾事故。

　　减速、停车前，最好轻踏一下制动踏板，把信息通过制动灯预先传递给后方驾驶人，以防后车制动不及时而追尾。

减速、停车应提前示意后车。

违反限时扰秩序　限行路段莫进入
17.遵守道路限时规定

闯限时路段易
发生事故。

违反城市路段限时规定，随意通行、转弯、掉头、进出主辅路、占用公交专用道等行为，侵害了正常行驶车辆的路权，影响整个城市路网的正常通行，不仅会受到记分和罚款的双重处罚，还可能引发交通事故。

城市道路有很多限时禁行路段，通行时要注意观察主标志下方的辅助标志标明的限时区间，遵守限时规定，严禁在限制时间范围内通行、转弯、掉头。

严格遵守
限时规定。

限行上路受处罚 限号车辆不出行
18. 遵守限号、限行措施

为了缓解城市交通拥堵，很多城市都采取了限号、限行等交通管制措施，如果违规行车，会影响道路通行秩序，受到交通管制的处罚。

违反限号、限行等交通管制管理规定会受到处罚。

驾驶人在城市道路行车，要了解限号、限行的相关规定，避免在限号、限行时间内驾驶被限号牌车辆或限制车型的车辆行驶。遇到交通管理部门采取临时交通管制措施时，要服从交通警察的指挥，按指定的路线绕行。

遵守规定保安全。

强行借道易剐蹭　仔细观察慎变道

19. 借道不要影响其他车辆通行

强行借道容易
引发事故。

在城市道路借对向车道或非机动车道通行时，会干扰其他车辆正常行驶，容易造成交通拥堵，引发事故。强行借道超车，更易引发剐蹭和碰撞事故。

中心线是虚线的路段，道路条件许可且不影响其他车辆正常行驶时才可借对向车道超车。遇前方有故障车或轻微事故需借道时，要注意行车安全，谨慎变道。

借道超车要
遵守规定。

随意掉头险情生　遵守标志莫盲行
20. 正确选择掉头地点

在城市道路行车时，在人行横道、禁止左转路口或越过道路中心黄色实线掉头，会阻碍其他车辆通行，造成交通拥堵，还会因违法受到记分和罚款处罚。在允许掉头的路口或路段随

违法掉头很危险。

意掉头，不注意避让其他车辆，同样存在安全隐患。

在城市道路选择掉头地点安全掉头非常重要。未设置"禁止掉头（左转弯）"标志、标线或指示灯的地点或路口，

或有明确掉头标志的路口，都可以掉头。掉头要严格遵守相关规定，同时注意避让其他车辆和行人。

选择允许掉头的路段掉头。

随意停车碍通行　有序停放守规矩

21.停放车辆要遵守规定

在城市占用机动车道、非机动车道、人行道和盲道停车，会妨碍车辆、行人尤其是盲人的通行，造成交通拥堵或引发交通事故。将车随便停在广场、小区等出入口，车辆还面临被划伤的风险。

随意停车影响通行。

在城市要选择停车场或准许停放车辆的地点有序停车。在施划有停车位的路边，要按顺行方向靠路右侧停车。在路边短时间临时停车，驾驶人不要远离车辆，妨碍交通时要迅速驶离。

小区鸣号扰民安　禁鸣喇叭缓速行

22. 居民小区内禁鸣喇叭

在城市居民小区道路通行时鸣喇叭，会产生噪声，破坏小区的安静氛围，影响居民休息，扰乱居民的正常生活秩序。

驾车通过居民小区过程中要严格遵守禁止鸣喇叭、限速等交通标志，即便遇到行人和车辆占道，也不能鸣喇叭，确保低速、安静地通过。

胡同窄巷藏危险　提防意外需谨慎

23. 胡同、窄巷行车预防危险

　　胡同和窄巷道路狭窄，会车难度较大，而且经常会遇到在路边玩耍和突然横穿的儿童，行车时稍不注意，就会发生意外事故。

胡同里意外情况多。

　　进入胡同和窄巷时，应该主动降低行驶速度，严格按照限速标志标明的速度行驶；没有限速标志的，也要保持低速行驶。同时注意观察两侧情况，做好随时制动的准备，提防儿童、自行车或摩托车突然穿出。

胡同行车要预防儿童突然横穿等意外情况。

学校门前危险多　小学驻地慢通过

24. 学校门前减速慢行

学校放学或上学时段，门口人员和车辆密集、路况复杂。特别是小学生年龄小，贪玩好动，不注意来往的车辆，当玩具、帽子等物品掉落到路上时，会不顾来车去捡拾，易发生意外事故。

驾车行经学校门前，一定要仔细观察，减速慢行，发现学生列队走出校门准备过街时，要停车让队列先行，

不要穿插学生队列，以防发生交通事故。

乱扔垃圾不文明　城市行车讲公德

25. 不向车外乱扔垃圾

在城市道路行车或在路口停车等候时，随手丢弃烟蒂、纸屑、塑料袋、易拉罐等垃圾的不文明行为，会破坏城市环境卫生，影响城市形象，干扰其他车辆正常行驶，容易引发交通事故。

乱扔垃圾危害大。

在城市道路行车要爱护城市环境，尊重他人，养成良好行为习惯，自觉遵守社会公德，不向车外乱扔垃圾、吐痰，做文明人，驾文明车。

遵守公德，文明驾驶。

占路争执致拥堵 轻微事故快挪车

26. 快速处理轻微道路 交通事故

驾车在城市道路发生没有人员伤亡的轻微财产损失事故后，不及时挪车，容易引发道路拥堵，还可能导致二次事故。

轻微事故不要妨碍其他车辆通行。

在道路上发生轻微交通事故后，驾驶人要保持冷静，不要赌气、互不相让。如果车、物损失较小，对现场进行拍照或者摄像，标划停车位置，相互记下车牌号和联系方式，确认驾驶证和保险凭证后，尽快将车辆移至不妨碍交通的地点协商解决。

小知识

轻微事故快速处理流程

轻微交通事故是指机动车在道路上发生的不涉及人员伤亡，仅造成轻微财产损失，车辆可以继续驾驶的交通事故。

车辆发生轻微交通事故后，驾驶人可在现场自行协商解决，向各自机动车承保的保险公司报案，填写《机动车轻微财产损失道路交通事故当事人自行协商处理协议书》(简称《协议书》)，一式两份，签字确认后双方各执一份。无《协议书》的，当事人应以文字形式如实记载道路交通事故发生的时间、地点、当事人姓名、机动车驾驶证号、联系方式、机动车种类和号牌、保险凭证号、事故形态、碰撞部位、事故责任等内容，共同签字。双方事故当事人撤离事故现场后，到承保的保险公司办理定损索赔手续。